Réd :

13

AF356188



**MIRE ISO N° 1**
NF Z 43-007
**AFNOR**
Cedex 7 - 92080 PARIS-LA-DÉFENSE

# BIBLIOTHÈQUE NATIONALE DE FRANCE

## PARIS

## DÉPARTEMENT DES IMPRIMÉS

# L'UNION APICOLE

# LE MIEL

### Production, Récolte, Conservation, Vente

# FORMULAIRE

## DES

## REMÈDES, BOISSONS ET GATEAUX AU MIEL

### PAR

## A. DELAIGUES

PRÉSIDENT DE LA SOCIÉTÉ D'APICULTURE DU CENTRE
DIRECTEUR-FONDATEUR DE « L'UNION APICOLE »
MEMBRE DE DIVERSES SOCIÉTÉS

### Édition Illustrée

## CHATEAUROUX

### 110, RUE GRANDE, 110

#### (INDRE)

### NEUVY-PAILLOUX (Indre) Établissement d'Apiculture

Tous droits réservés

Vue de l'Établissement E. PALICE & Cie à Neuvy-Pailloux (Indre)

# LE MIEL

S

# LE MIEL

## PRODUCTION, RÉCOLTE, CONSERVATION, VENTE

---

# FORMULAIRE

### DES

## REMÈDES, BOISSONS ET GATEAUX AU MIEL

#### PAR

# A. DELAIGUES

PRÉSIDENT DE LA SOCIÉTÉ D'APICULTURE DU CENTRE
DIRECTEUR-FONDATEUR DE « L'UNION APICOLE »
MEMBRE DE DIVERSES SOCIÉTÉS

## CHATEAUROUX

### 110, RUE GRANDE, 110

(INDRE)

## NEUVY-PAILLOUX (Indre) : Établissement d'Apiculture

---

# OUVRAGES DE L'ABBÉ DELAIGUES



**ENCYCLOPÉDIE APICOLE**

**RUCHE SCOLAIRE DELAIGUES**

Cours supérieur d'apiculture par conférences (sous presse)................................... 2.50
Cours d'apiculture, Guide pratique des apiculteurs mobilistes (5ᵉ édition)................. 1.50
Petit cours, ou Leçons de choses apicoles (4ᵉ édition)........................................ 0,75
Le Miel. Son rôle important dans l'économie générale 1 fr.....  ⎰ 3ᵉ édition
Le Miel. Production, récolte, conservation, vente..............  ⎱ Ensemble.............. 1.50
Formulaire des remèdes, boissons, gàteaux au miel., 1 fr.....  3ᵉ édition
Flore apicole illustrée (en préparation)....................................................... 2.50
Conférences : Congrès Pomologique, Châteauroux, Poitiers, Paris, Bourges, Bruxelles, etc. *l'une* 0.50
Indicateur apicole illustré. (5ᵉ année) 24 pages texte indiquant les travaux à faire au rucher. 0.65
Notice sur le Miel, pour la vente (on peut y mettre son adresse et ses prix de vente).... *le cent* 1.50

Sainte-Fauste, Monographie, grand in-8ᵉ. Nombreuses gravures......................... 2.75

*S'adresser chez l'auteur, à SAINTE-FAUSTE, par Neuvy-Pailloux (Indre)*

**(0,15 centimes en plus pour l'envoi)**

Récompenses obtenues par l'Auteur aux diverses expositions en *France* et à l'*Étranger :*
**Diplômes d'Honneur,** Bordeaux 1894, *Bruxelles Exposition Univᵉˡˡᵉ 1897,* Laon 1900, *Friedlang (Autriche)* 1901.
**Médailles d'Or,** Congrès pomologique de France 1896, Bourges 1897, Lille 1898, Poitiers 1899, Châteauroux 1901.
**Médailles de Vermsil,** Soc. des Agricultᵘʳˢ de France Segré 1895, Marseille 1897, Tarbes 1898, *Huy (Belgique)* 1901.
**Médailles d'Argent,** Soc. d'Apicult. d'Anjou 1896, Bourges 1897, La Châtre 1898, Le Blanc 1899, Châteauroux 1901.
*Paris Exposition Universelle 1900.*

# AVANT-PROPOS

—

Dans une précédente brochure (1). nous avons démontré le rôle du Miel dans l'Economie générale. Notre conclusion fut que ce produit délicieux de la nature, connu dès la plus haute antiquité, dans tous les temps et chez tous les peuples, avait été d'un usage très étendu. très apprécié; par conséquent d'une grande importance pour le bien commun.

Malheureusement les procédés primitifs trop imparfaits qui servaient à son exploitation. diminuèrent pendant les derniers temps. les chances de la lutte pour lui. contre un concurrent plus moderne et moins coûteux le Sucre de betterave!

(1) Voir le volume intitulé: *Le Miel et son rôle important dans l'Economie générale* (1894).

Aujourd'hui, avec les perfectionnements apportés par le progrès et les découvertes apicoles, voici que les chances du succès reviennent. J'ose même dire, lui sont assurées; car jamais le sucre de nos usines ne saurait remplacer le miel, *suc concentré* du parfum de nos fleurs et de la rosée de nos plantes.

Quels sont donc ces perfectionnements nouveaux, ces moyens et ces connaissances jadis ignorés de nos pères, qui nous assurent une production plus abondante, une qualité supérieure, une conservation facile et une vente plus aisée, par de nombreux usages, dans notre alimentation, nos boissons et nos remèdes ?

C'est, mon cher lecteur, ce que je me propose de vous dire dans ce nouvel opuscule.

*Sainte-Fauste, 4 janvier.*

**A. DELAIGUES.**

Président de la *Société d'Apiculture du Centre.*

# UN TRÉSOR

Il est une substance à nulle autre pareille ;
Son brillant coloris est un charme à mes yeux :
Son arôme est, de tous, le plus délicieux
Et son nom caressant réjouit mon oreille !

Elle trôna jadis aux festins des aïeux.
Et cent peuples divers en usent à merveille.
A boire on la compare au doux jus de la treille,
A manger, c'est un mets digeste et savoureux !

L'enfant qui parle à peine, en implore avec larmes
Tandis que son aïeul y trouve autant de charmes
Que les Hébreux naguère à la manne du ciel !

Mais ce divin produit, *Brevet de longue vie*
Que ta lyre, ô poète, exalte et glorifie,
Où le prendre ? *au rucher* ! Quel est son nom ?

(LE MIEL.)

*Philomel en Berry.*

# LE MIEL

## PRODUCTION, RÉCOLTE, CONSERVATION, VENTE

---

## CHAPITRE Ier

### PRODUCTION DU MIEL

Quand mai ramène chez nous la floraison des prairies ; quand la sève est montée aux arbres

qui bourgeonnent ; quand une odeur embaumée s'échappe de nos fleurs : qui donc avec plaisir n'aspire pas ces parfums du printemps ?

Alors on voit errer sous l'azur d'un beau ciel,
Passant et repassant, pleine de symphonie
D'abeilles au travail, l'ardente colonie,
Qui butine de fleur en fleur, le plus doux miel.

Ne vous est-il pas arrivé, comme à moi-même, comme à tant d'autres, de porter à vos lèvres quelque pétale odoriférant ou quelque calice embaumé de fleur printanière, pour en aspirer le parfum ou savourer la suave rosée ?

Ce liquide sucré, élaboré par les nectaires des plantes, ce délicieux nectar ! c'est *le Miel !*

Le Créateur a confié à nos chères abeilles, le soin de recueillir ce trésor au milieu des fleurs, pour en faire hommage aux hommes. Elles sont les précieux intermédiaires qui fournissent la meilleure et la plus salutaire partie de ces fleurs et de ces plantes. Elles aspirent, à l'aide de leur trompe ou langue, ces gouttelettes sucrées, les élaborent dans leur organisme et s'empressent de venir au plus tôt les déposer à la ruche. Le nectar transformé s'y décharge de la trop grande quantité d'eau qu'il renferme encore. Cette quantité d'eau varie selon la nature des terrains, suivant le climat, le temps et l'espèce des fleurs, de 60 à 80 0/0, quelques fois plus. Tandis que le Miel mûr, récolté dans de bonnes conditions et soumis à l'analyse chimique, accuse ordinairement 80 à 85 0/0 de matières sucrées, 8 à 10 0/0 d'eau et dans des proportions variables des acides organiques (citrique, lactique, formique) et des huiles essentielles. Ce sont ces dernières qui lui communiquent leur arôme et lui donnent un goût délicieux. L'acide formique contribue à la conservation du miel. Pour devenir *miel mûr*, le Nectar doit donc perdre les 2/5, parfois plus, de son poids ; l'évaporation qu'il subit est considérable.

Sous l'influence de la chaleur qui règne dans la ruche, ce nectar se condense et les abeilles le mûrissent par une ventilation plus accentuée, qu'elles produisent par le battement rapide de leurs ailes.

Aussi, après une forte récolte, voit-on le soir, près de la porte des ruches, en dehors, sur la planche de vol, ou en dedans, un grand nombre d'abeilles ventileuses, battant des ailes, pour produire le courant d'air qui doit accélérer l'évaporation du nectar. Pour une récolte de 3 à 5 kilogrammes, on peut facilement constater que du soir au matin, il y a une diminution de poids d'une ruche, de 500 à 800 grammes et même davantage. Pour faciliter ce travail de transformation du Nectar en Miel, nos industrieux insectes l'emmagasinent dans les cellules sans remplir les alvéoles et cela pour permettre une évaporation plus rapide ; puis lorsqu'il est mûr, la cellule est totalement remplie, le contenu reçoit une goutte d'acide formique qui l'empêche de fermenter, et l'alvéole est hermétiquement fermé par un mince opercule de cire.

C'est alors seulement que le miel est bon pour la récolte. Celui-là est le vrai, l'authentique miel... des abeilles, ajoute spirituellement l'abbé Voirnot. Evidemment comme on fraude le lait, la crème, le café et tant d'autres produits alimentaires, on fraude le miel. Il fallait s'y attendre de la part des commerçants qui, pour lutter contre la concurrence, maquignonnent tout, en s'ingéniant à sauver les apparences trompeuses. Le procès du reste, qui vient d'avoir lieu, le prouve assez et la justice a fait son devoir en punissant très sévèrement les falsificateurs. Ce sont, pour la plupart, des substances sucrées achetées à bas prix, telle que la glucose, qu'emploient ces commerçants malhonnêtes. Mais aujourd'hui, à l'aide de l'alcool, on parvient assez facilement à démasquer la fraude. Le miel pur reste limpide. alors que le miel frelaté avec la glucose, se trouble. Vous mettez dans un verre un peu d'alcool à 95° avec un peu d'eau pure et 25 grammes du miel suspect, vous agitez tout ensemble. si le mélange se trouble et devient laiteux, c'est qu'il y a de la glucose dans votre miel.

Le thé sucré avec du miel pur, conserve sa couleur naturelle, tandis que le miel frelaté lui donne une couleur noire.

Quant aux miels fraudés avec la farine et l'amidon, délayez-en un peu dans l'eau. agitez et observez : les substances étrangères formeront un dépôt au fond du verre. ou bien. ajoutez quelques gouttes de teinture d'iode au miel. il prend alors une coloration bleuâtre.

Des apiculteurs peu dignes de ce nom ont trouvé un autre moyen de fraude. Ils font absorber à leurs abeilles des sirops de sucre qui, mélangés au miel, augmentent la quantité au détriment de la qualité. C'est le fait de gens peu consciencieux ! Mais là encore on trouve le moyen de s'en rendre compte. Le miel pur placé sur du marbre blanc, cristallise assez bien, tandis que le miel falsifié au sirop de sucre reste généralement liquide.

*Il y a assez de bon et d'excellent miel dans les fleurs ! Ayons seulement plus d'abeilles pour le recueillir ! L'abondance anéantira la fraude !*

# CHAPITRE II

## RÉCOLTE DU MIEL

Le nectar recueilli sur les fleurs par les abeilles butineuses et transformé par elles en miel, sous

l'influence d'une substance particulière *l'invertine* secrétée, par le tube digestif, est soigneusement emmagasiné et operculé. c'est-à dire cacheté dans les petites cellules en cire, des rayons de la ruche. Il est alors bon pour la récolte. Quelques apiculteurs le tirent au fur et à mesure pour exciter les abeilles au travail et prévenir l'essaimage. Pour celui qui a peu de temps libre, la méthode serait astreignante, surtout dans un fort rucher.

Nous opérons l'extraction autant que possible en une seule fois et si quelques cadres ne sont operculés qu'à moitié, comme ce miel est moins mûr nous avons recours au maturateur. C'est un récipient de fer blanc dans lequel nous le laissons exposé 7 ou 8 jours aux rayons du soleil.

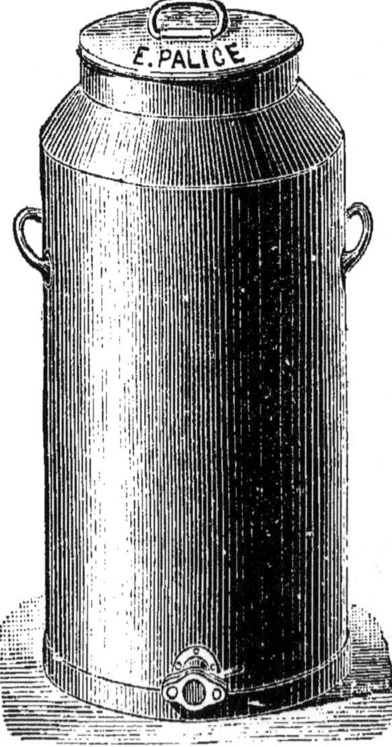


Fig. 5.

Ce récipient est muni d'un agencement en toile métallique, avec lequel il peut servir de couloir à opercules.

Au bas, un robinet à clapet permet de mettre le miel en pots ou en boîtes, très rapidement.

Le miel étant tiré par le fond du récipient, se trouve toujours bien mûr et bien épuré.

Pour celui qui ne peut faire cette dépense et

qui possède un extracteur, il est facile d'en enlever les cages et de se servir du récipient comme maturateur.

L'*époque*, la *quantité*, la *qualité* de la récolte varient selon les climats, les contrées, les plantes mellifères et les ruches.

## I

Le Midi, par exemple est toujours en avance sur le Centre, où nous faisons généralement en juin la première récolte après la première coupe des sainfoins. Les tilleuls nous en donnent une seconde en juillet avec les mélilots, les luzernes et la seconde floraison des sainfoins; la troisième lorsqu'il y en a, est peu importante ; car nous n'avons pas, comme en Bretagne, des vastes champs de sarrazin ou des bruyères abondantes.

## II

La quantité dépend de la température d'abord ; car il est démontré qu'il ne suffit pas d'avoir des fleurs pour avoir beaucoup de miel : les vents du Nord, une trop grande sécheresse arrêtent la sécrétion du nectar dans les fleurs ; les temps les plus favorables sont les journées chaudes, humides et orageuses, principalement les matins et les soirs.

Elle dépend aussi et beaucoup de l'apiculteur. Une des règles d'or d'apiculture est d'avoir à point des fortes colonies dont les bataillons ailés partent sans relâche à la recherche du butin. On a dit aux retardataires, *à table*.

*Tardis venientibus, ossa !* disons des abeilles.

*Tardis venientibus usta !* et rien n'est plus vrai ! plus tard ! c'est **trop tard** ! car la chaleur des rayons d'un soleil d'été brûle et dessèche les fleurs. *Tardis venientibus usta !*

Ne l'oublions pas et soyons prêts pour l'heure de la récolte.

J'ai ajouté qu'elle dépendait aussi des ruches. Mon intention n'est pas de faire le procès du fixisme ici ; néanmoins, je ne puis pas, parlant de la récolte, de sa qualité, de sa quantité, passer sous silence tous les avantages du mobilisme sur son prédécesseur le fixisme.

Assurément, le panier vulgaire coûte beaucoup moins cher que la ruche perfectionnée ;

mais combien cette dernière est plus avanta-
geuse ! jugez-en vous-même.

Vous n'avez au rucher que des paniers ou
ruches fixes, comment vous y prendre pour la
récolte ?

Je sais que l'Abbé Boyer a fort bien décrit la
manière d'opérer ; c'est du reste un maître :
« Pour bien tailler les ruches communes. il faut
être 3 personnes, dit-il : une qui taille, une autre
qui tient le soufflet et une troisième qui ouvre
et ferme la caisse au miel. Commencez d'abord
par bien enfumer votre panier, portez-le ensuite
à une certaine distance, toujours derrière le
rucher, à l'ombre autant que possible. Ce serait
bien mieux encore si vous aviez un abri. Arrivé
à destination, faites jouer le soufflet, ne vous
amusez pas. Dégagez les rayons à miel en faisant
passer toutes les abeilles sur les rayons à couvain. Alors vous pourrez prendre votre part du
butin ». Très bien ; mais il reste toujours quelques abeilles sur les rayons qu'on enlève. et de
ces rayons que le mouchier coupe, il suinte des
gouttes de miel le long des parois de la ruche.

ce qui surexcite les pillardes et englue un certain nombre d'abeilles. Enfin, je l'ai souvent constaté chez nous, il est rare qu'on n'arrache point avec les rayons à miel, quelque peu de couvain. Cela tient peut-être à ce que nous n'avons pas, comme les Bourguignons, de ces grandes ruches qui atteignent jusqu'à 60 litres.

On a si bien senti tous ces inconvénients, que la ruche commune est de plus en plus désormais coiffée d'un cabochon ou calotte. C'est déjà un perfectionnement ; mais la masse de ceux qui l'emploient ne savent pas encore bien l'exploiter. Trop souvent ils ne peuvent résister à la tentation de s'emparer de ces belles et lourdes calottes pleines d'un miel délicieux. Or ce miel, ces beaux rayons sont souvent pour les ruches vulgaires, un simple grenier d'approvisionnement et non un surplus. Il faut à une ruche 10 à 12 kilogr. de miel pour son hivernage. Mettez autant pour le poids de la ruche, du pollen, du couvain, de la cire, etc., soit 20 ou 22 kilog.

Si votre panier passe ce chiffre, prenez le surplus seulement et sachez être assez généreux

pour partager avec celles qui y ont droit plus
que vous, sous peine de les condamner à une
mort inévitable.

Quelques praticiens possesseurs de ruches
vulgaires ou
paniers, en
agissent au-
trement : ils
tirent un es-
saim artifi-
ciel avant le
moment de la
récolte, puis
24 ou 25 jours
après la sor-
tie de cet es-
saim, comme
il n'y a plus
de couvain
dans la ru-
che, ils chas-

Fig. 7.

sent les abeilles dans un panier superposé et
quand la passe est toute faite, ils enlèvent à leur

guise tout le beau et bon miel de cette ruche dé-

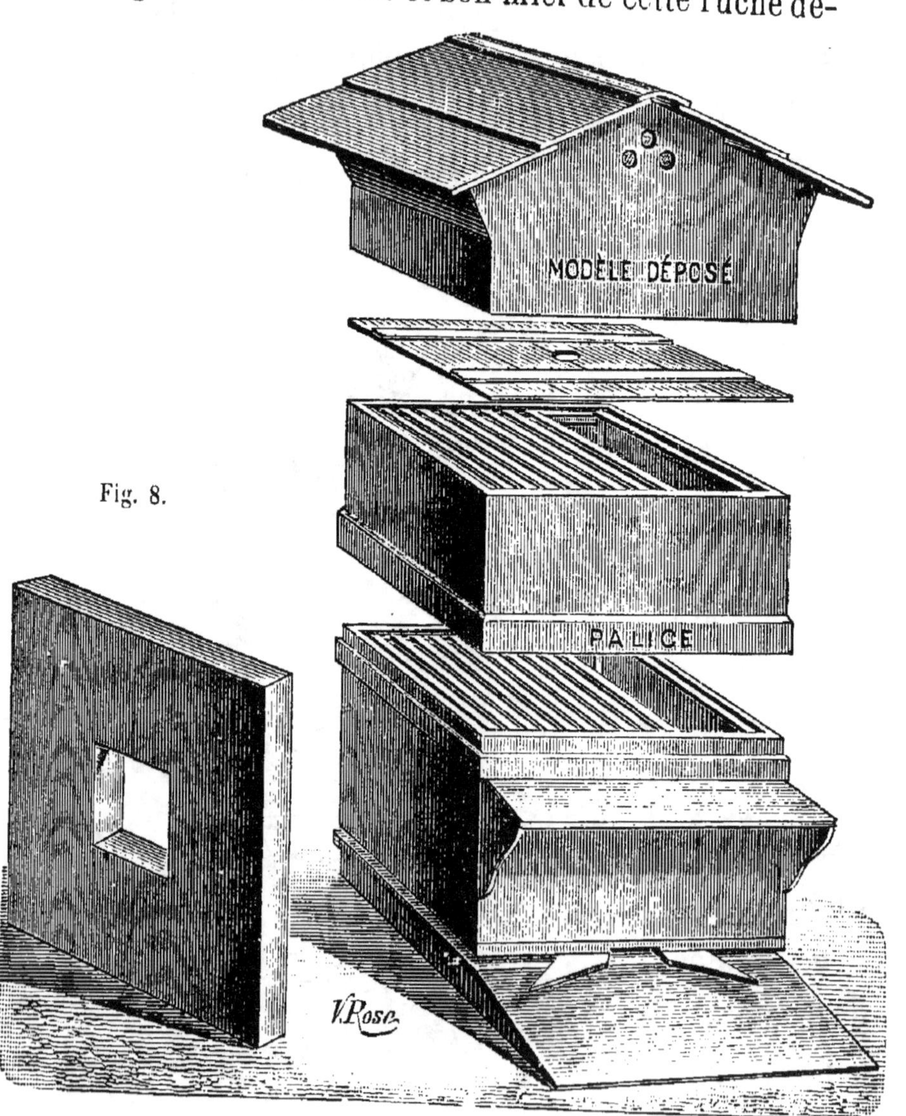



Fig. 8.

peuplée. Mais quels que soient les moyens ci-
dessus de prendre le miel, ils ne seront jamais

aussi pratiques que ceux offerts avec les ruches à cadres mobiles. Les ruches à cadres avec hausses sont dans le genre, ce qu'il y a de plus commode et de plus rapide pour faire la récolte. On enlève sans peine ces hausses, comme on le veut et quand on le veut.

Voyez plutôt la figure précédente : cette partie carrée qui surmonte le corps de ruche, c'est la hausse. Quand elle est garnie de miel, soulevez le chapiteau et le liteau qui la recouvrent, donnez quelques coups d'enfumoir : les abeilles descendent sur le couvain dans le corps de ruche et vous n'aurez qu'à emporter votre hausse, au laboratoire.

Ces dernières années, on a inventé le chasse-abeilles qui permet de retirer le miel sans grand danger de piqûres. M. Palice a inventé un système perfectionné que représentent les 2 figures suivantes :

L'appareil est muni d'une tôle perforée spéciale, avec 3 coulisses D E F et de 3 plaques légères A B C. Il est placé sur la ruche au moment où commence la récolte seulement et peut y rester jusqu'à ce qu'elle soit terminée. Il a l'avantage d'empêcher la reine de monter pondre dans la hausse. Lorsque l'on veut faire fonctionner l'appareil, il suffit simplement de prendre les 3 plaques A B C, vous faites glisser d'abord A, C

Fig. 9.

dans les coulisses D E, elles ferment le passage des deux côtés, au milieu vous glissez ensuite la plaque B dans sa coulisse F et les abeilles se trouvent alors prisonnières.

Elles sont bientôt attirées par la lumière du pointillé qui recouvre la petite trappe ; elles s'y

rendent et trouvant là un libre passage, elles
sont vite descendues dans le nid à couvain lais-

Fig. 10.

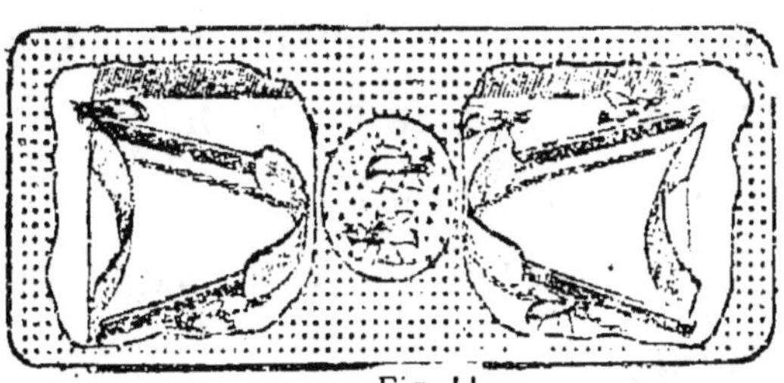

Fig. 11

sant la hausse vide abeilles. Les deux fines lames
de cuivre faisant ressort pour qu'elles puissent
facilement descendre les empêcheront de remon-
ter. Vous pourrez alors, après un temps assez
court, visiter la hausse et prélever le miel avec

une grande facilité. L'opération terminée, on retire les 3 plaques A.B.C. et les abeilles reprennent immédiatement leur travail.

Il faut joindre à ces avantages des ruches à cadres qui vous permettent de faire plus facilement votre récolte, cet autre très important de pouvoir extraire votre miel sans briser vos rayons, d'obtenir un miel très pur et de rendre immédiatement vos bâtisses à vos butineuses ; ce qui active beaucoup une seconde récolte.

### III

La qualité du miel dépend des saisons, des fleurs, des terrains et des méthodes d'extraction.

Par une année sèche, le miel sera moins abondant, mais plus doux et meilleur.

Celui du printemps l'emporte de beaucoup sur celui d'automne.

Les miels de sainfoin et d'acacia sont réputés les plus fins. L'abbé Sagot les appelle *le miel des Dames*.

Les sarrazins et les bruyères donnent un miel foncé, d'un goût fort et à gros grains.

De tous ces différents miels, le fixiste ne peut en faire le triage, alors que dans les ruches à hausses, la sélection en devient très facile.

Ainsi en juin, le miel de la première récolte, après la floraison des sainfoins et des acacias, est blanc, doux et bien parfumé. La deuxième donne un miel plus foncé qui provient de tilleuls. Enfin lorsqu'il y a un peu de bruyères et de blés noirs, nous obtenons un miel brun, épais et de forte odeur. Nous avons cette année, par curiosité, obtenu dans un champ de coquelicots en fleurs, plusieurs cadres d'un miel roux, avec le goût particulier à cette plante.

Lorsque vos cadres sont transportés au laboratoire, il vous reste à extraire et à disposer votre miel pour la consommation.

Le miel le plus recherché des gourmets et partant le plus cher est celui qu'on *offre en rayons*

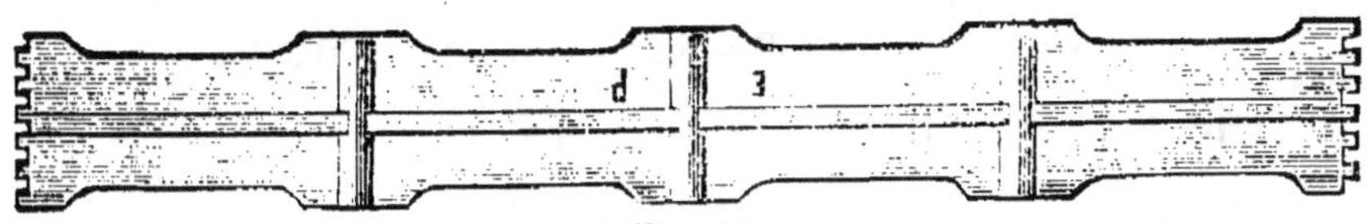

Fig. 12

tel que les abeilles l'ont disposé elles-mêmes. Les Américains, toujours pratiques, trouvant là un écoulement à bon compte, ont inventé des petits cadres ou sections de cadres dont voici la figure n° 12.

Elles contiennent environ une livre de miel operculé.

La figure 13 nous montre la section fermée et garnie de cire, prête à être placée, dans le casier ou dans un cadre de ruche.

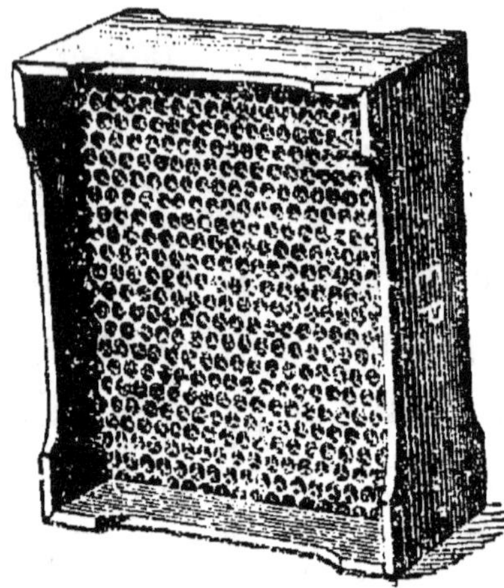

Fig. 13

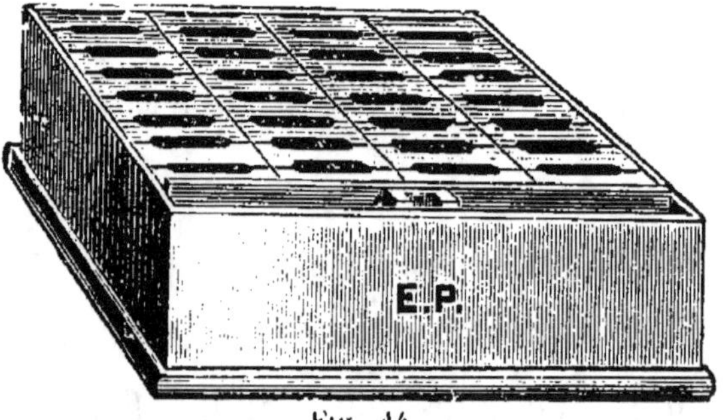


Fig. 14

Ce casier ou hausse à sections se place au-dessus du nid à couvain. Il peut contenir 32 sections. Pour ceux qui n'ont pas de hausse, voici un modèle de cadre où s'adaptent des sections par 6, 8, 12, ou 18, suivant la grandeur.

La partie pleine qui semble recouvrir les sec-

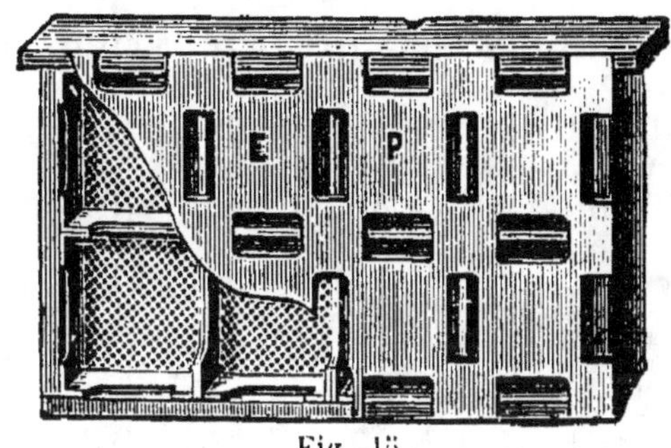

Fig. 15

tions garnies est un séparateur en métal qui force les abeilles à bâtir régulièrement.

Une section bien bâtie, bien blanche et bien operculée est assurément un dessert de choix qui occupe une place d'honneur sur la table des gourmets.

Nous nous empressons de faire remarquer qu'au point de vue de la consommation et de l'hygiène, le miel extrait est tout aussi bon que le miel en rayon, c'est une simple question de goût, il a même l'avantage d'être liquide et débarrassé des opercules de cire.

## Miel extrait

Le miel en rayon est attrayant; mais nous avons aujourd'hui un miel extrait qui est vierge et absolument pur, grâce aux perfectionnements

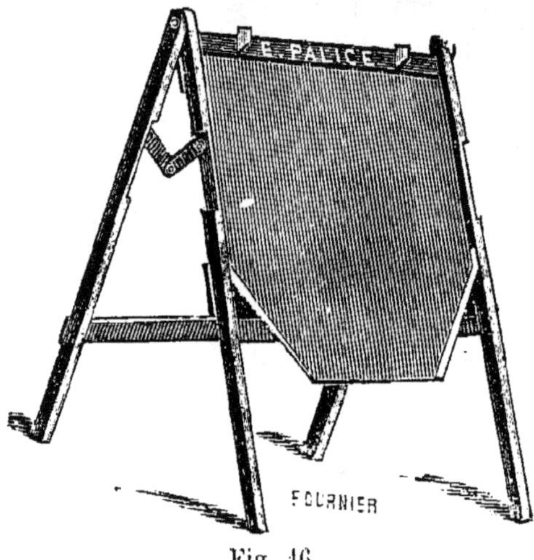


Fig. 16

de la science apicole. Pour l'obtenir vous placez vos cadres qui sont cachetés, sur un chevalet à désoperculer (fig. 16).

Puis vous vous servez d'un couteau biseauté pour enlever les opercules, ou bien d'une herse ou peigne destinée au même usage.

Fig. 17

Il est bon d'opérer immédiatement après avoir enlevé vos hausses et vos cadres.

Ces derniers, une fois désoperculés, sont placés dans l'extracteur que voici :

Cet appareil perfectionné est à cages tour-
nantes automatiques, c'est-à-dire qu'elles tour-

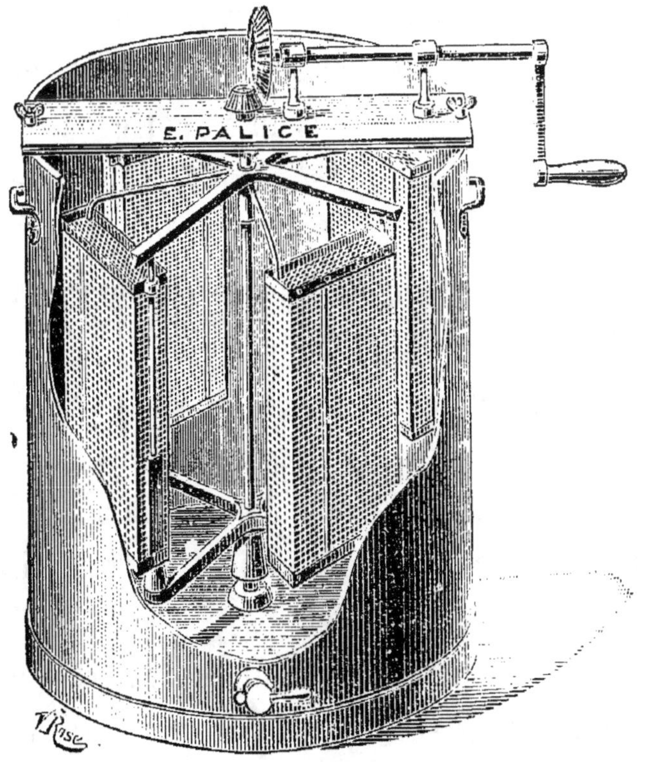


Fig. 18.

nent sur pivot, se placent d'elles-mêmes quand
la machine est en marche. Il suffit de faire fonctionner l'appareil en sens inverse pour qu'elles
se retournent sur elles mêmes ; les rayons étant

désoperculés des deux côtés, sont placés dans les cages et ils en sortent complètement vidés, sans qu'il soit besoin de les toucher avec les mains.

Par le mouvement de rotation, l'action de la force centrifuge sans briser les cellules, projette le miel sur les parois du cylindre.

Avec ce système, on ne brise pas un seul rayon et le travail est fait beaucoup plus vite qu'avec n'importe quel appareil. L'engrenage, très doux, est reglé à volonté.

Nous rappelons aux débutants de tourner ni trop fort ni trop vite, la cire nouvelle est légère et les grands cadres demandent quelques précautions. Une rotation régulière et tranquille suffit pour chasser le miel.

Avec l'extracteur, on obtient un miel très pur, conservant tous ses arômes naturels, sans mélange ; ce que ne peuvent point obtenir les fixistes qui ont encore recours à la presse ou à la chaleur du four et du soleil.

Leur miel *pressé* ne saurait donc être classé avec le miel *extrait*.

# CHAPITRE III

## CONSERVATION DU MIEL

Le miel nouveau est sirupeux, transparent, d'un jaune clair. Il perd sa limpidité en cristallisant. On le loge par grande quantité dans des

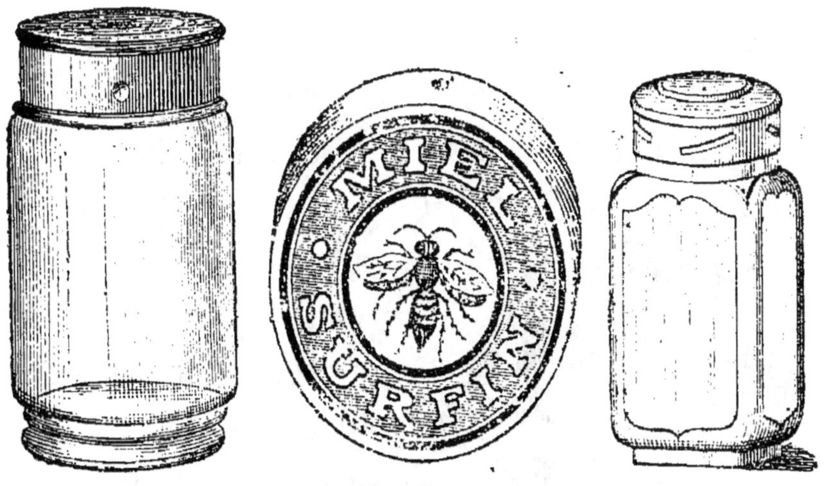



Fig. 19

tonnelets de 40 à 50 kilog., dans des bonbonnes vernissées, ou de larges pots de grès. En quantité moindre, dans des pots de verre très élégants et hermétiquement fermés.

Pour le voyage, les boîtes en fer blanc avec

fermeture hermétique, depuis 1 kil. jusqu'à
10 kil., sont plus employées.

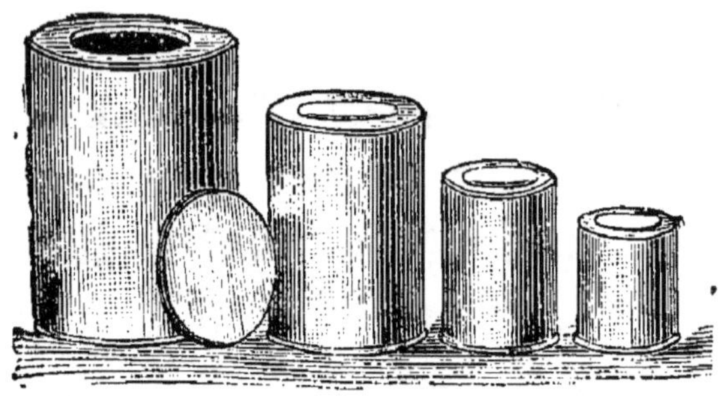

Fig. 20

On fait aussi usage maintenant de seaux
émaillés, très propres, avec fermeture ajustée
interne, et anse pour faciliter la manipulation
dans les expéditions. Ils contiennent depuis
3 kilog. jusqu'à 25 kilog.
Aux anneaux on peut
fixer une fiche indiquant
la tare du seau et le
poids net du miel. Tant
pour la durée que pour
la solidité, c'est bien ce
qu'il y a de mieux.

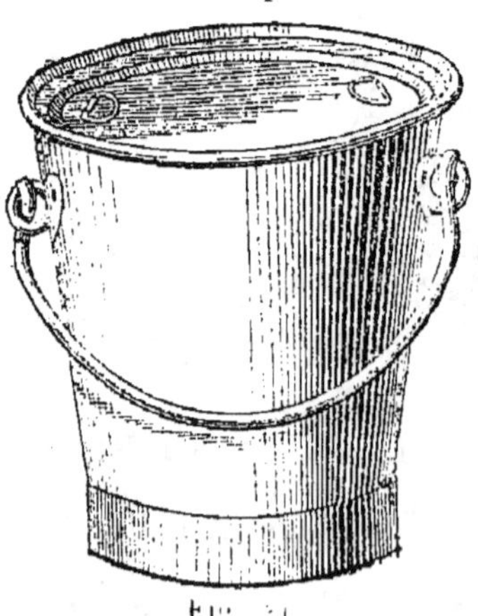

Fig. 21

Il faut éviter de mettre le miel dans un récipient de zinc.

Ainsi emmagasiné, le miel se conserve des années dans un lieu sec et aéré. Il cristallisera assez vite, surtout celui de colza et d'arbres fruitiers. C'est une des propriétés qui caractérisent le miel pur, car le miel falsifié ne cristallise pas. Pour le liquéfier, une fois qu'il est pris, faites-le chauffer au bain-marie ; en ayant soin de l'écumer, il cristallisera de nouveau tout en gardant son arôme primitif. Tandis que, dans une fusion, à feu nu, l'arôme se perd et le miel devient un sirop.

Le miel qui fermente est amélioré par le bain-marie également, à la condition de le consommer ensuite.

Hermétiquement fermé, le miel se conserve très bien (1). Aussi quand la vente au début est lente, difficile, vous pouvez attendre, votre récolte ne perdra rien de sa valeur.

---

(1) Nous avons vu au Concours de Paris du miel bien conservé dans un bocal en verre, qui avait 20 ans. Nous avons nous-mêmes quelques pots de miel qui a 10 années d'existence et qui est dans un état de parfaite conservation.

# CHAPITRE IV

## VENTE DU MIEL

La première condition d'une vente facile, est de faire entrer le miel dans l'alimentation des masses et de vaincre l'indifférence qui a gagné l'opinion publique au commencement du siècle.

A nous, apiculteurs, pour y parvenir, de produire un miel pur, savoureux, attrayant. Un miel que nous soyons fiers de vanter, parce qu'il défie toute analyse. Un miel que nous soyons heureux de faire déguster à nos visiteurs. En toute circonstance, sachons bien faire remarquer qu'il est l'extrait concentré du nectar des fleurs, qu'il ne renferme aucun principe nuisible et qu'il est vierge de tout contact humain, grâce aux procédés modernes. On le goûtera avec plaisir, on proclamera partout sa pureté, sa bonne qualité, son goût exquis et bien souvent nos visiteurs deviendront des clients.

Mais que notre premier client soit nous-même. Que sur notre table chaque jour, à chaque repas, le miel occupe la place d'honneur.

Puis, comme de nos jours, la réclame est devenue l'âme de l'industrie et la condition d'une vente rapide, parce qu'elle amène et retient la clientèle, pourquoi ne pas en user? Il n'y a aucun déshonneur, au contraire, à faire connaître par la voix des journaux, que l'on a du miel à vendre. Les journaux, les revues, pour une dépense légère, qui vous dédommagera largement, se mettent à la disposition de leurs abonnés dans certaines régions, même les plus pauvres, on a su trouver un débouché.

Les uns, à l'exemple de M. Boyer, qui avait une récolte abondante, confient la vente de leur miel à une personne en lui disant: prenez une

voiture, allez par tout le pays, il me faut 0,60 c.
par livre de miel, le surplus sera votre bénéfice !
Au printemps, tout est vendu.

D'autres, fournissent de miel un épicier, qui,
lui, leur fournit des marchandises. On fixe le
prix de vente et l'apiculteur donne 20 0/0 à l'épicier, qui vend le miel, avec les étiquettes du pro-
ducteur, enveloppé dans une notice propagande
dont il fait les frais (1).

Les concours, les expositions apicoles sont
aussi des moyens de propagande, sachons en tirer profit. Donnons toujours une place à la vente
du miel dans nos expositions. Une idée très pratique serait l'établissement de loteries organi-
sées dans les concours, par lesquelles on jette
dans la circulation une grande quantité de pots
de miel, comme lots gagnés.

Dans les hôtels, sur les marchés, n'ayons
crainte de demander du miel. On y vend tant
d'autres objets de consommation bien inférieure !
Pourquoi n'y vendrait-on pas du miel ? Il a droit,

(1) Notices illustrées, in-8° double, 4 pages, prose et
poésie, relatant tous les usages du miel. Le cent.  1. 50

comme tout produit alimentaire, à être coté sur nos places.

Il y a encore les Sociétés d'apiculture, qui groupent les apiculteurs de toute une région, pour mieux s'occuper des intérêts apicoles, pour fonder, comme nous venons de le faire à Châteauroux, une maison de vente.

Jusqu'à Messieurs de la Faculté qu'il faut gagner; parce qu'ils tenaient jusqu'ici le miel un peu en rigueur et ne l'ordonnaient tout au plus que pour guérir quelques maux de gorge ou sucrer une tisane rafraîchissante.

Tandis qu'il est à désirer que tous reconnaissent l'utilité de l'emploi du miel.

Quelques docteurs déjà le conseillent comme un aliment sain et digestif, un préservatif précieux, un breuvage excellent.

Trois points qu'il nous reste à démontrer pratiquement dans notre seconde partie : *des usages du miel :* FORMULAIRE *des remèdes, boissons et gâteaux au miel.*

# USAGES DU MIEL

# FORMULAIRE

## DES REMÈDES, BOISSONS & GATEAUX AU MIEL

## CHAPITRE I<sup>er</sup>

### LE MIEL COMME ALIMENT

C'est l'extrait concentré de mille fleurs choisies !
C'est un suc végétal
Pur comme le cristal
Qui surpasse en parfum toutes les ambroisies !

Nectar digne des dieux, tisane aux mille fleurs,
Il est sans hyperbole
Le gracieux symbole
Des robustes santés aux brillantes couleurs !

Il conserve vermeil le sang qu'il purifie.
Il dilate et nourrit
L'estomac et l'esprit :
Pour tout dire, c'est un brevet de longue vie !

Tel que l'apiculteur le récolte aujourd'hui, à l'aide des procédés modernes, le miel pur, en rayon ou extrait, constitue un principe de nutrition excellent. Les substances qu'il renferme, passent en entier dans l'économie, entretiennent une bonne santé et restaurent les forces affaiblies.

Le Docteur Klemperer dans son *Manuel de santé* déclare : que c'est avant tout dans le miel que nous trouvons une nourriture de choix.

Une cuillerée de bon miel contient environ 75 calories, c'est-à-dire plus qu'il n'y en a dans un œuf. On ne saurait donc assez recommander l'emploi du miel qui est, hélas, beaucoup trop restreint.

Mgr Kneipp, dans sa méthode curative naturelle, attribue également une grande efficacité à l'emploi du miel.

C'est pourquoi il devrait toujours être largement employé dans les familles.

Il peut remplacer le sucre pour la préparation de presque tous les aliments et son emploi dans les préparations culinaires a l'avantage d'augmenter la saveur des mets et de stimuler la digestion. Il est infiniment préférable au sucre dans la confection des gâteaux de famille, dont voici un certain nombre de recettes.

### Gâteau français au miel.

Versez 1 litre de lait dans une casserole, avec 150 gr. de sucre blanc : quand le sucre est fondu, ajoutez 350 gr. de bon miel, faites bouillir et écumez. Retirez ensuite du feu et quand le liquide sera tiède, ajoutez quelques gouttes de fleurs d'oranger dans un peu de vin blanc vieux, puis 1/2 kilogr. de farine de choix. 2 gr. de perlasse ou bicarbonate de potasse délayée. Faites une pâte bien pétrie que vous mettrez cuire pendant 1 heure dans une tourtière saupoudrée de farine ou dans le four de votre cuisinière. ou mieux dans un four de campagne.

### Gâteau carnolien.

On fait chauffer 1/2 kilogr. de miel. on y ajoute, lorsque le miel fond, 125 gr. d'amandes coupées ; après refroidissement, on y met un peu d'écorce de citron et on laisse reposer jusqu'au lendemain. Vous préparez alors une pâte ordinaire avec 500 gr. de farine, 2 œufs, 50 gr. de beurre, 30 gr. de sucre en poudre. 1/4 de litre de lait. Vous étendez la pâte et vous y versez votre préparation de la veille, que vous avez le soin de délayer avec un peu de rhum. La cuisson dure 3/4 d'heure.

### Gâteau d'Italie.

Prenez 250 gr. de miel, 3 œufs, 1/2 kilogr. de farine, un peu de citron, 50 gr. de beurre et 40 gr. de sucre. Faites une pâte légère, travaillez-la, avec soin, façonnez-la avec l'emporte-pièce en figures variées, posez-les sur un plateau enduit de beurre et dorez-les avec un jaune d'œuf délayé au miel, vous les faites ensuite cuire à feu doux.

### Gâteau anglais.

On met 250 gr. de beurre frais dans un kil. de miel avec le jus de deux citrons, une pincée de muscade rapée ; après avoir bien mélangé, ajoutez un kilogr. de farine et pétrissez. Faites ensuite des feuillets de pâte mince, que vous découpez pour faire cuire légèrement dans du beurre.

### Gâteau allemand.

Prendre 3 livres de farine, 1/2 livre de miel, 1/2 livre de beurre, 5 gr. de gingembre, un peu de noix muscade, une petite cuillerée de carbonate de soude, pétrir bien tout ensemble votre pâte, très mince et la couper en petits morceaux que vous faites cuire à feu vif.

### Struffoli napolitain.

A 3 œufs très frais mêlez autant de farine qu'il faudra pour avoir une pâte ferme, mais souple ; formez avec cette pâte des baguettes rondes, comme du macaroni. Vous les coupez en morceaux de 1 centimètre de longueur. Faites frire au beurre pour leur donner un joli blond clair, plongez-les ensuite dans un bain de miel cuit au cassé et au fur et à mesure que vous les retirez, placez-les sur un plat et servez froid.

### Pudding américain.

3 pintes de fines tranches de pommes, 1 pinte de miel, 1 pinte de farine de blé, 1 pinte de farine de maïs, un petit morceau de beurre, une cuillerée de soude, le jus de deux citrons ; mêlez la soude avec le miel, ajoutez les pommes, le beurre, le jus de citron et mélangez le tout avec la farine, pétrissez. Faites cuire 1 heure et servez.

### Leckerli balois (1)

On pétrit 1/2 kilogr. farine avec 1/2 kilogr. miel bouillant, ajoutez 5 gr. de jus de citron, 3 gr. de cannelle, 1 verre de bon rhum ou cognac, 2 gr. de clous de girofle en poudre. Bien pétrir, étendre avec un rouleau sur des plateaux recouverts de farine et cuire au four avec chaleur douce.

### Gâteau hollandais.

250 gr. de miel, 375 gr. de farine, 60 gr. de beurre, 1 œuf, 5 gr. muscade, 5 gr. de soude. Mélangez à sec avec la main, faites une pâte ferme, façonnez-la en telle forme que vous voudrez et faites cuire au four.

### Pains d'épices.

Prenez 1 kilogr. miel bouillant, 1 kilogr. farine de froment que vous mélangez. Cette pâte se conserve longtemps, ajoutez au moment de la cuisson 10 gr. de perlasse dissoute dans bonne

(1) Leckerli — signifie friandise.

eau-de-vie ; aromatisez à votre choix, mêlez-y, si vous le désirez, quelques amandes grossièrement coupées et mettez dans un four bien chaud. Vous glacerez la surface avec jaune d'œuf délayé au miel.

Autre recette. Préparer un levain, prendre pour cela 1 verre de lait, on y mélange 125 gr. de potasse blanche, on y fait dissoudre 25 gr. de savon blanc sans odeur. On met au feu, on ajoute de la farine jusqu'à ce que l'on obtienne une bouillie épaisse.

On prend ensuite 3 litres de farine et 1 k. 1/2 de miel, on pétrit énergiquement en ajoutant le levain.

Une fois la pâte ainsi préparée, on découpe et on badigeonne le dessus avec un peu de lait, on passe 15 minutes au four et on a un pain d'épice de la plus belle apparence et du meilleur goût.

### Biscuits au miel.

Une tasse de miel, 1/2 tasse de crème chaude, 2 œufs, 1/2 tasse de beurre, 3 tasses de farine de blé, 1/2 cuillerée à café de soude, 1 cuillerée de crême de tartre ; bien mélanger le tout, découper et cuire lentement au four, ou dans du beurre.

### Chocolat au miel.

Prendre 1 kilogr. de cacao en poudre avec 1/2 kilogr. de bon miel blanc, 250 gr. de sucre, ajoutez 25 gr. de canelle, 5 gr. de clous de girofle, 5 gr. de vanille pulvérisée. Vous laissez bouillir et quand la masse devient assez épaisse, vous versez à chaud dans vos moules que vous avez eu soin d'enduire d'une légère couche de beurre frais et vous attendez, pour enlever, l'entière solidification.

### Croquets au miel.

Faites cuire 4 décilitres de miel, ajoutez 12 clous de girofle pilés et un peu de cannelle ; mêlez-y une tasse d'eau-de-vie de prunes. Pendant que le tout est encore chaud, ajoutez 8 décilitres de fleur de farine pour épaissir la pâte, que vous étendez ensuite sur un plateau. Vous la coupez en losanges, rectangles, etc., et vous faites cuire ; vous enlevez avant refroidissement.

### Gâteau éponge.

Prenez 500 gr. de miel, 600 gr. de farine et 5 œufs ; battez les jaunes et le miel ensemble, battez les blancs à part en neige, mélangez ensuite le tout en remuant le moins possible, puis vous aromatisez avec un peu de jus de citron et faites cuire.

### Gaufrettes berrichonnes.

Faites une pâte douce avec 5 œufs, 1 livre de farine, 250 gr. de miel, 3 cuillerées de rhum, un peu d'eau de fleur d'oranger ou de vanille ; coupez par tranches et passez au gaufrier (*cellules à cire*) sur un feu vif. Ces gaufrettes sont excellentes et se conservent bien.

(1) Le litre de miel pèse environ 1400 grammes.

## CONSERVATION DES FRUITS AVEC LE MIEL

On peut opérer de deux façons, à froid ou à chaud avec les meilleurs résultats.

### Fruits confits au miel, à froid.

Mettez vos fruits après les avoir blanchis (1) abricots, pêches, prunes, etc., dans des récipients en verre. Versez ensuite du sirop de miel clarifié jusqu'à ce que vos fruits soient complètement recouverts. Fermez hermétiquement avec un parchemin et un couvercle bien fait. Vous pourrez les conserver dans un lieu frais et sec.

(1) Le blanchiment des fruits est une opération destinée à dépouiller les fruits du principe âcre dû à l'eau et à l'acide qu'ils contiennent. Il supplée ainsi à un état plus parfait de maturité. Les personnes qui ne désirent pas leur conserver leur apparence de fraîcheur, les passent tout simplement au four de campagne une fois ou deux. Les autres au contraire les jettent dans un bain d'eau froide salée, les piquent et de là les passent à un feu vif puis à nouveau dans l'eau froide alunée, après 1 ou 2 jours elles emploient les sirops de miel.

### Fruits confits au miel, à chaud.

Placer tout simplement vos vases contenant vos fruits recouverts de miel dans un récipient à bain-marie et faites bouillir pendant 25 minutes, vous bouchez. Vous laissez ensuite refroidir lentement, comme pour les conserver au sirop de sucre.

Ou bien, faites bouillir votre miel, écumez-le convenablement, jetez-y vos fruits, que vous aurez eu le soin de piquer à plusieurs endroits jusqu'au noyaux afin que la peau ne se déchire pas et qu'ils soient mieux pénétrés par le miel chaud ; puis laissez cuire tout ensemble 10 minutes. un quart d'heure, retirez du feu et quand tout est tiède, mettez en bocaux et fermez bien.

### Gâteaux de fruits au miel.

1/2 kilogr. de bons raisins secs, 4 œufs. 250 gr. de miel, 125 gr. de beurre, 1 tasse de lait, 1 cuillerée de soude, 2 cuillerées à café de crème de tartre, un peu de cannelle ; le tout bien pétri et cuit à petit feu.

### Groseilles à grappes, fraises, framboises au miel.

Beaucoup de personnes pour corriger l'acidité de ces fruits, les additionnent de sucre en poudre (qui, entre parenthèses, est le plus souvent mélangé de farine !) Pourquoi donc ne pas remplacer ce sucre frelaté par du miel pur, exquis ! qu'elles en usent une fois ! Elles y reviendront.

### Beignets de pommes au miel.

Prenez de bonnes reinettes, coupez en tranches, faites tremper 2 ou 3 heures dans l'eau-de-vie de fruits, jetez ensuite dans du miel liquide, passez dans la farine, faites frire au beurre, saupoudrez de sucre et servez ; on fait de même les beignets de pêches, d'abricots, de poires.

### Confitures au miel.

. Prenez des fruits bien mûrs, coupez-les et faites-les cuire à l'eau pour enlever tout leur goût acerbe, plongez-les ensuite dans un sirop de miel clarifié, faites bouillir en remuant de temps en temps surtout à la fin de la cuisson, qui dure de 3 à 5 heures, jusqu'à ce que tout soit en marmelade, quand la consistance est suffisante, retirez du feu et coulez dans des pots.

Si vous désirez avoir une compote plus délicate, ajoutez un peu de vanille par exemple.

### Marrons au miel.

Faire rôtir de bons marrons et les peler avec soin. Pendant ce temps mettre du miel dans une casserole sur le feu. Puis y plonger les marrons et les laisser quelque temps mijoter dans le miel cuit. Les retirer et servir chaud, vous aurez un dessert capable de rivaliser avec les plus fins marrons glacés et à bien meilleur compte.

### Pommes de terre au miel.

Faites cuire au four ou sous la cendre vos pommes de terre ; épluchez-les, ouvrez-les et mettez-y du miel en guise de beurre ou les deux ensemble.

### Lait au miel.

Prenez un bol de lait, trempez-y une tartine de pain, sur laquelle vous aurez étendu un peu de beurre et de miel — c'est délicieux.

### Fromage blanc au miel.

Un des plus hygiéniques et des plus agréables desserts, c'est le fromage blanc à la crème sucré avec du miel nouvellement extrait, et arrosé d'un filet de kirsch ou de rhum.

### Sirop de miel.

Miel 3 kilog., eau 875 gr., craie en poudre 70 gr., mettez tout ensemble dans une bassine, faites bouillir 3 minutes pour le clarifier, ajoutez 150 gr. de charbon pulvérisé, mêlez bien le tout ensemble, ajoutez 3 blancs d'œuf, continuez l'ébullition pendant 3 minutes, laissez refroidir 1/4 d'heure, puis filtrez à l'aide d'une étamine.

# CHAPITRE II

## LE MIEL COMME MÉDICAMENT

La nature est la meilleure officine de la santé.
(Weber). (1)

Le miel pur nous guérit, facile est son emploi,
Sur le corps, dans la gorge.
Ah ! Plaignons qui se forge
D'autres médicaments de fort mauvais aloi.

Organes digestifs, tubes respiratoires
Il a cure de tout
Le miel ! — Et vient à bout
Des maux dont Hippocrate emplit ses répertoires.

Il est aujourd'hui absolument certain que nous avons dans le miel pur des fleurs, une ressource hygiénique importante. On commence enfin à reconnaître que le miel est un aliment sain autant qu'un préservatif précieux. C'est grâce à lui,

(1) L'Abbé C. M. Weber, rédacteur de l'*Union apicole*, est l'auteur du grand poème didactique sur l'apiculture, 11.000 vers. Prix 3 fr. aux bureaux de la *Revue*.

avons-nous dit dans notre précédente notice (1)
que les anciens vivaient longtemps. Pour qui
veut en effet, bien comprendre sa nature,
qu'est-il ? sinon le suc concentré de milliers de
fleurs dont il possède les vertus ; ces mêmes
fleurs, auxquelles on a recours chez un phar-
macien ou un herboriste dont l'art se borne à
les préparer, sans pouvoir y ajouter d'autres
vertus que celles attribuées par le Créateur !

Or, les abeilles, sous une forme plus concentrée, font pour nous, ce que font nos apothi-
caires ; avec cette différence que le remède est
infiniment plus agréable. Ceci ne veut pas dire
qu'il nous faut déserter les pharmacies ! Mais
que nos droguistes comme nos docteurs, lui
donnent donc, dans la préparation des remèdes,
la place qu'il mérite. Plusieurs docteurs et non
des moins justement réputés pour leurs connaissances médicales, ont entendu l'appel des
apiculteurs et sont entrés dans cette voie. Qu'ils
reçoivent ici nos sincères remerciments et que

(1) *Le Miel et son rôle important dans l'économie générale chez les Anciens et chez les Modernes.*

leur bon exemple entraîne aussi la masse de leurs confrères tout au moins un bon nombre.

Le miel est essentiellement digestif ; il donne du ton à l'estomac. L'acide particulier qu'il contient s'unit aux acidités gastriques pour exciter et favoriser la digestion.

Son action physiologique la plus importante s'exerce dans le foie ; ce qui le recommande comme un excellent remède dans les maladies des reins, de la vessie et du foie. Il éclaircit et purifie le sang qu'il débarrasse de toutes les matières superflues.

Il exerce une action bienfaisante sur les intestins. Il est par conséquent très utile contre la constipation des personnes sédentaires.

L'usage régulier de miel et de petit plantain soulage les poitrinaires.

Les maux de gorge, les angines sont souvent guéris par sa médication.

Pour les blessures et les contusions, le miel agit plus rapidement, plus sûrement que tous les emplâtres.

Il calme les douleurs des furoncles et active la suppuration.

Les vétérinaires ne sauraient s'en passer.

Mêlé aux autres médicaments, il en diminue l'amertume et les rend supportables.

Jusqu'aux dames qui, volontiers, l'emploient comme cosmétique ; l'eau de miel donne à la peau, la souplesse, la finesse et la blancheur.

Telles sont les propriétés hygiéniques et curatives du miel, dans le traitement d'un grand nombre de maladies internes et externes. Dans les préparations pharmaceutiques, les tisanes, les baumes, les liniments, etc.. etc.

Voyons maintenant quelques recettes prises parmi tant d'autres.

## USAGES INTERNES DU MIEL.

### Digestions pénibles. — Gastralgies.

Prenez 250 gr. de petite centaurée, 300 gr. de cerfeuil, 2 litres 1/2 vin blanc ; laissez infuser pendant quelques jours, ajoutez-y 75 gr. de bon miel et 25 gr. d'eau bouillie. Après une macération de 10 jours, passez à travers un linge. En prendre un verre chaque matin pendant 3 semaines sans interrompre.

M. l'Abbé Raudin, à Troyes, nous a cité le fait d'un jeune homme de 21 ans qui ne pouvait supporter le vin même coupé avec moitié d'eau. Il a bu du vin de miel et il s'est guéri.

### Maladies des reins, du foie, de la vessie.

Au témoignage du docteur Dubini, le miel a une action importante sur le foie, c'est un remède essentiellement hépathique diurétique, parce qu'il contient et développe aussi bien la dextrine que la lévulose.

### Phtisie

Le miel recueilli sur les sapins et les eucalyptus et additionné de petit plantain est excellent pour les poitrinaires.

Le Docteur Pauliet, d'Arcachon. remplace l'huile de foie de morue, par le *Butyromiel* composé de 2 parties de beurre frais et 1 partie de miel, battues ensemble ; cette crème d'un blond doré, fraîche au goût, se pren 1 avec une tasse de thé aromatisé d'orange ou d'anis.

### Refroidissements.

La *Revue internationale* cite le docteur Stroëhlin, une célébrité médicale, ordonnant comme remède des infusions de lierre terrestre et des potions de lait chaud sucrées au miel.

### Rhume, Maux de gorge, Influenza.

Prendre un litre de bon vin blanc, le sucrer copieusement avec du miel pur et faire bouillir ; on en prend un plein verre bien chaud tous les soirs en se couchant.

Autre : Une tasse de lait bien chaud sucré au miel, aromatisé de jus de citron et coupé avec quelques gouttes d'eau-de-vie ou de rhum.

### Douleurs intestinales.

Le miel bouilli avec de l'ail et quelques pruneaux, calme les douleurs, fait périr les vers intestinaux et régularise le fonctionnement des intestins.

### Angines, Diphtérie.

Prenez 1/2 litre de tisane de sauge, 50 gr. de
de bon miel, un peu de sel de cuisine, de vinaigre, d'alun ; mélangez et passez, gargarisez-vous
de 5 à 6 fois par jour.

Prenez un peu de miel avec un jaune d'œuf et
un peu de farine ; mélangez bien le tout en
ajoutant un peu de beurre. Vous faites ainsi un
onguent que vous étendez sur un linge pour
l'appliquer ensuite autour du cou.

### Toux opiniâtre. Bronchite, Catarrhe.

25 gr. d'huile d'olive pure et fraîche, autant de
miel fondu ; mélangez bien ; prenez une cuillerée
matin et soir et quand la toux sera trop pénible.

### Maladies de poitrine. Influenza.

Faites une tisane de petit plantain, édulcorez
avec du bon miel et prenez en régulièrement,
vous en obtiendrez les meilleurs résultats.

Voici une lettre que nous avons reçu de
l'Abbaye de Lérins, du père Marie Moïse, apiculteur distingué :

« Le miel est un remède souverain dans les
fluxions de poitrine et l'influenza, je puis, si on

l'exige, citer plus de cent cas, où l'un ou l'autre mal a été radicalement vaincu chez des malades désespérés.

» Qu'on fasse fondre une livre de bon miel et qu'on l'écume soigneusement. Que d'autre part on fasse cuire dans 5 litres d'eau 2 gros navets, autant de carottes rouges et 3 fortes têtes de poireaux. Ecraser le tout en bouillie passer dans un linge, puis laisser encore bouillir jusqu'à réduction de la moitié d'eau ; à ce liquide, on mêle ensuite le miel épuré et on laisse à nouveau bouillir un instant de façon à bien opérer le mélange. On donne d'heure en heure de ce délicieux breuvage, un verre à boire au malade, il sentira vite du mieux et sera bientôt rétabli. Je suis si sûr de l'efficacité de ce remède que pour le vulgariser dans l'intérêt de l'humanité souffrante, je vous autorise volontiers à publier cette lettre. »

### Coqueluche.

450 gr. d'eau-de-vie de fruits, autant de miel, 2 grandes cuillerées de goudron de pin, (mélangez). Prendre 15 à 20 gouttes pour enfants. 8 ou 10 fois par jour.

# USAGES EXTERNES DU MIEL.

### Blessures.

Etendez simplement une couche de miel assez épaisse sur un morceau de toile que vous appliquerez ensuite sur la blessure, vous bandez convenablement et vous renouvelez l'emplâtre toutes les 4 ou 5 heures.

L'eau de miel étendue de quelques gouttes d'arnica est souveraine pour le pansement des blessures.

### Douleurs sciatiques.

Faites un mélange de chaux vive et de miel que vous appliquerez sur le point douloureux.

### Brûlures

Faites des compresses d'huile d'olive et de miel, bien mélangés, vous ajoutez si vous le voulez un peu de farine de seigle.

### Maux d'yeux.

Mélangez une partie de miel et cinq parties d'eau ; baignez les paupières en ayant soin de répandre quelques gouttes du mélange dans l'œil, deux à trois fois par jour jusqu'à complète guérison.

### Gerçures, Crevasses.

Badigeonner les parties de la peau atteintes avec la composition suivante : glycérine 100 gr., borax 12 gr., miel 25 gr. et quelques gouttes de fleur d'oranger.

### Engelures.

Mélangez un peu de miel clarifié avec de la térébenthine et un peu d'huile de laurier, pour en faire un liniment qui est excellent.

### Verrues.

On frotte les verrues avec du miel, le soir en se couchant, puis on met des gants ; en quelques semaines elles disparaissent

### Ulcères, Boutons, Abcès.

Il suffit d'oindre la partie souffrante plusieurs fois par jour avec du miel jusqu'à disparition de l'inflammation.

Ou bien pétrir du miel à chaud avec un peu de farine de seigle et un jaune d'œuf : en faire un onguent que vous appliquerez sur les abcès, etc.

### Candi de miel au goudron, contre la toux.

Faites bouillir deux poignées de marrube vert dans 1/2 litre d'eau jusqu'à ce que le liquide soit réduit d'un quart. Passez, ajoutez à cette tisane une tasse de miel, autant de sucre et une cuillerée de goudron. Faites bouillir jusqu'à ce que tout se candise, (1) en ayant soin surtout de suspendre l'opération en temps voulu, pour ne pas rendre le mélange dur et cassant. Commencez par en prendre gros comme un pois en augmentant la dose, au fur et à mesure, selon vos goûts et selon vos besoins. Ce candi est excellent contre la toux et soulage toujours en peu de temps.

(1) Pour vous en rendre bien compte, vous trempez votre doigt dans l'eau froide, puis immédiatement vous le plongez vivement dans le mélange qui chauffe. Si la partie sucrée qui s'attache à votre index, forme au frottement contre le pouce des filets épais et gluants, vous l'enlevez c'est le moment.

### Miel rosat.

Faites infuser 35 gr. de feuilles de roses dans 125 gr. d'eau et ajoutez à l'infusion 250 gr. de bon miel blanc.

On l'emploie en gargarismes pour les ulcérations et les inflammations de la bouche.

### Emplâtre contre le cancer.

Mettez dans un vase, 125 gr. d'écorce de chêne blanc que vous écrasez bien.

Versez dessus un peu d'ammoniaque et laissez infuser pendant 4 jours : faites bouillir ensuite jusqu'à ce qne le mélange soit devenu épais. Ajoutez 65 gr. de miel, autant de gomme et de térébenthine clarifiée et si vous voulez rendre l'emplâtre plus caustique, ajoutez 50 gr. de sulfate de zinc ; étendez ensuite sur un morceau de toile et appliquez sur l'ulcère cancéreux.

### Goutte et rhumatisme.

Quand on souffre, que ne ferait-on pas pour se guérir ? Or un remède simple et peu coûteux pour apaiser et guérir les douleurs de certaines maladies telles que gouttes et rhumatismes, ce sont les piqûres d'abeilles ; ce n'est pas d'aujourd'hui qu'on a constaté ces effets obtenus par un traitement suivi et prolongé. Assurément il ne faut pas attribuer l'amélioration et la guérison aux faits des piqûres qui sont plutôt désagréables, mais au venin de l'abeille injecté dans l'organisme. Aussi le docteur Terc, de Vienne, a-t-il érigé en méthode ce genre de traitement.

J'ai expérimenté moi-même que les piqûres d'abeilles produisent un véritable soulagement dans un rhumatisme invétéré.

Une personne qui souffrait de maux d'estomac a aussi obtenu un réel soulagement. Plusieurs cas de rhumatismes intestinaux ont été atténués et parfois à peu près guéris, de même pour quelques paralysies locales.

Daniel Whitmer, dit le *Deustche Imker*, souffrant d'une forte sciatique, affirma s'être guéri en 48 heures par des piqûres d'abeilles réitérées.

# DIVERS USAGES DU MIEL

### Savon au miel.

J'ai dit plus haut que les dames faisaient volontiers usage de l'eau de miel. Voici une recette de parfumeur très en vogue.

50 gr. de savon blanc pur et rapé, 130 gr. de miel, 16 gr. d'huile de tartre, 70 gr. d'eau de fleurs d'oranger, mélangez et formez une pâte uniforme.

### Baume au miel.

125 gr. de miel blanc, 30 gr. de glycérine, mélangez à température douce. Après refroidissement ajoutez 25 gr. d'alcool, 6 gouttes d'essense d'ambre gris et 9 gr. d'acide citrique. Ce baume est employé contre les taches de rousseur de la peau.

Autre : cresson de fontaine pilé, mélangé à 1/3 de son poids de miel, le tout filtré et employé en lotions.

### Pommade au miel.

500 gr. de miel fondu dans 60 gr. de graisse de bœuf et 125 gr. de baume du Pérou. Pendant

refroidissement ajoutez 1/2 gr. d'huile de cèdre et d'huile de noix muscade et 2 décigr. de musc. Cette préparation conserve au cuir chevelu toute sa souplesse.

### Pâte d'amandes au miel pour blanchir les mains.

Miel 250 gr., amandes amères pilées 125 gr., huile d'amandes douces 250 gr., huile essentielle de girofle 3 gr., huile essentielle de bergamotte 4 gr. Faire fondre le miel, pétrir 3 jaunes d'œufs, puis y ajouter l'huile, les amandes et enfin les essences. Cette pâte se conserve dans un pot bien bouché, dans un lieu sec.

### Savon pour nettoyer la laine.

Savon noir 125 gr., miel 150 gr., eau-de-vie 400 gr., induire de cette préparation les taches, bien frotter l'étoffe et rincer à l'eau pure.

# LE MIEL DANS L'ART VÉTÉRINAIRE

Les médecins vétérinaires emploient souvent le miel dans les maladies des animaux, car le miel a beaucoup d'usages et d'efficacité, mélangé à d'autres médicaments.

Un propriétaire de bestiaux à la campagne doit toujours avoir une provision de miel chez lui.

### Fièvre aphteuse.

Aussitôt que cette maladie se déclare, faites une pâte avec du miel, de la farine d'orge et appliquez sur les aphtes.

### Rhumes.

Dans le rhume des animaux, faites leur une boisson tiède, dans laquelle vous mettrez un peu de farine d'orge, un peu de guimauve et de miel.

### Gourme.

Après avoir isolé, les animaux atteints de cette maladie contagieuse, les tenir chaudement et leur donner des barbotages à la farine d'orge et au son, puis matin et soir un peu de poudre de réglisse et de kermès dans du miel, 10 gr. de chaque.

### Breuvage rafraîchissant.

Miel 150 gr., vinaigre de miel 75 gr. dans un litre d'eau.

### Breuvage diurétique.

Vin blanc 4 litres, eau 4 litres, nitre 90 gr., miel 125 gr. en deux ou trois doses par jour.

### Onguent pour plaies anciennes.

Miel et farine de blé ; faire une pâte et appliquer sur les plaies.

### Maux d'yeux du bétail.

200 gr. de miel fondu au bain-marie, autant de graisse de porc ; frotter l'œil malade à froid, deux ou trois fois par jour. Pour bien faire pénétrer le mélange sur l'œil, on conseille après la friction, de souffler sur l'œil. Ce remède, employé de suite, adoucit beaucoup la souffrance et avance rapidement la guérison. Il est en plus à la portée de tout le monde.

# CHAPITRE III

## LE MIEL COMME BOISSON

Aujourd'hui que les moyens perfectionnés de la culture des abeilles se répandent de plus en

plus, la conséquence forcée sera la baisse de la valeur marchande des produits.

Il est donc d'un grand intérêt de tourner les efforts vers la préparation des vins et liqueurs au miel. Cette production bien comprise et généralisée, est à elle seule capable d'ouvrir à l'apiculture un débouché considérable et avantageux.

### Hydromels.

> Il nous donne le miel ! l'hydromel généreux
> Vin mousseux qu'accompagne
> Un fumet de champagne
> Et que les amateurs se disputent entre eux.

Pourquoi chez nous, l'hydromel a-t-il perdu la faveur et la renommée qu'il avait jadis ? Tout porte à croire que nos hydromels modernes ne sont pas faits avec tous les soins qu'ils demandent. L'art de faire l'hydromel est une opération assez facile ; mais faut-il encore la bien comprendre ! Nous avons, grâce à des expériences prolongées, des apiculteurs de nos jours qui réussissent bien ; mais la masse des apiculteurs qui récoltent beaucoup de miel et voudraient en faire usage n'est pas suffisamment initiée. Dans la fabrication de l'hydromel comme dans la vinification, c'est de la fermentation et de la façon dont elle s'accomplit que le succès dépend.

Livrée à elle-même, elle n'est pas toujours parfaite : il faut donc savoir la diriger.

Elle n'est pas spontanée, comme beaucoup

semblent le croire ; elle naît de la mise en action naturelle d'une levure, sur un liquide sucré.

Cette levure est un organisme inférieur, un être microscopique d'une nature déterminée ; mais à côté des agents de la fermentation alcoolique, il se développe d'autre agents différents ayant une action particulière et opposée qui engendrent des fermentations secondaires. De là, le plus souvent, vient l'insuccès.

La première règle, c'est d'opérer le plus rapidement possible la fermentation alcoolique pour ne pas laisser prise aux fermentations secondaires, acétiques et autres.

Or, le miel mélangé à l'eau seule, fermenterait mal et très lentement. Quelques-uns affirment que l'acide formique mêlé par les abeilles au miel pour le conserver est un obstacle à la fermentation. Malgré cela, il est certain que le miel fermente à la longue. On a parfois observé que le miel fermente dans les ruches, dans les récipients mal couverts où il est par conséquent exposé au contact direct de l'air. Les germes de ces êtres microscopiques existent dans l'air, et se déposent sur le miel à découvert, tout aussi bien que sur l'enveloppe des fruits, la surface extérieure des feuilles, etc.

Donc, le miel fermente, mais d'une façon imparfaite et lente.

Si au miel vous ajoutez 3 ou 4 fois son poids d'eau, vous obtiendrez une fermentation dont le résultat sera l'hydromel ; à la condition de bien opérer la fermentation, vous aurez un breuvage alcoolique à 10° ou 11° environ, délicieux et bienfaisant.

Chose qui semble extraordinaire aux commençants, plus le miel est pur, moins il fermente bien ; parce qu'il renferme moins de matières étrangères, telles qu'il y en a, par exemple, dans le miel inférieur, le miel mélangé de cire ou de pollen.

Le pollen surtout est un bon agent fermentescible, dit M. de Layens, qui pour un hectolitre d'hydromel, prend environ un décimètre carré de rayon où il se trouve du pollen. L'abbé Voirnot préfère le moût de raisins bien mûrs dans la proportion d'un litre par hectolitre ; cette me-

sure peut être dépassée ; plus il y a de moût,
plus il y a de fermentation.

A défaut de moût, ce que nous n'avons pas
toujours à notre disposition, nous avons la ressource de mettre des raisins secs, ou d'autres
fruits frais : cerises, framboises poires, ou les
mêmes fruits secs. Mais le plus employé de nos
jours, ce sont les levures sélectionnées qui, dans
la pratique, ont déjà fait leurs preuves et donné
des hydromels vraiment supérieurs.

### Hydromel sec.

Vous désirez faire un hectolitre d'hydromel
sec :

Choisissez d'abord un fût (le bois est préférable, car le fer et la fonte noircissent), d'une
contenance un peu plus grande, rincez-le bien
à l'eau chaude et au besoin ajoutez-y une infusion de feuilles de pêcher, de grains de genièvre
ou de feuilles de cassis. Une fois sec, le surlen-
demain, méchez-le.

Quand j'ai dit eau chaude, j'aurais mieux dit
eau bouillante, afin de pouvoir détruire tous les

germes des ferments de mauvaise nature qui adhèrent souvent aux parois. Il est bien entendu que tout récipient doit être parfaitement propre et rigoureusement exempt de mauvais goût.

Vous préparez ensuite votre levain, savoir : 5 litres pour votre hectolitre, vous l'obtenez par le mélange à chaud de 4 livres 1/2 de miel et de 4 litres d'eau : ajoutez 25 gr. de sels gastine (1) ; faites bouillir 10 minutes et écumez.

Quand votre liquide a pris, en se refroidissant, la température de l'air, au minimum 16°, au

(1) M. Gastine, chimiste renommé, ayant observé dans ses expériences que la non réussite des vins de miel, la lenteur de leur fermentation, provient de l'insuffisance alimentaire pour les ferments des levures alcooliques qui ne trouvaient pas les éléments nécessaires à leur rapide multiplication dans le miel pur dilué d'eau seulement, a trouvé un moyen d'obvier à ce défaut par une addition de sels nutritifs, correspondant aux besoins alimentaires en azote, en substances minérales, d'une proportion suffisante pour que cette multiplication puisse s'effectuer en quantité convenable pour une bonne fermentation. Voici la formule

| | |
|---|---|
| Phosphate d'ammoniaque | 7.30 |
| Tartrate neutre d'ammoniaque | 25.50 |
| Bitartrate de potasse | 43.60 |
| Magnésie calcinée | 1.50 |
| Sulfate de chaux | 3.60 |
| Acide tartrique | 18.50 |

maximum 30°, vous procédez à l'apport du ferment.

Si vous êtes à l'époque des vendanges, prenez
quelques belles grappes de raisin noir ou blanc
fraîchement cueillies. Puis, sans les laver ou les
essuyer, pressez-les à la main avec précaution
pour en extraire tout le jus et pouvoir en mettre
4 à 5 litres dans votre levain susdit.

Si vous n'avez pas de raisins, vous pouvez
avantageusement avoir recours aux levures sélectionnées telles que celles de M. Jaquemin, etc.,
qui sont extraites de nos principaux crûs.

Vous agitez votre mélange pendant 2 ou 3 jours
et si la température est favorable (entre 18 à
20°), la fermentation alcoolique devra apparaître
Votre levain est prêt.

Alors vous prenez 95 fois 250 gr. de miel
(cette dose est celle que la science et l'expérience
ont donnée pour avoir un litre d'hydromel à 10°
environ) soit 47 livres 1/2 de miel que vous
ferez fondre dans 80 litres d'eau tiède (1).

______

(1) Ici les avis se partagent : les uns avec M. Gastine
veulent que la dissolution du miel pour former le moût

Versez aussitôt votre levain préparé dans la masse tiède ; il aura vite fait d'envahir le tout sans laisser temps et place aux ferments secondaires pour se développer.

Si vous tenez absolument à masquer le goût du miel trop aromatisé, suspendez pendant la fermentation, dans le liquide, un sachet de fleurs de sureau, par exemple, ou de graines de genièvre.

Ordinairement, après 36 heures, vous percevrez facilement le tumulte des bulles gazeuses venant crever à la surface du liquide, c'est la fermentation active ; elle deviendra peu à peu plus tranquille, au fur et à mesure que le sucre se transformera en alcool. 12 ou 15 jours suffisent quand la température est favorable et les conditions bien remplies.

L'aréomètre Baumé marque alors zéro et l'oreille ne perçoit plus de bruit, de crépitement au trou de bonde. Ici, M. Gastine pour donner

soit stérilisée, par une ébullition de 15 minutes : cette opération, disent les autres, chasse les parfuns et détruit les effets si vantés, si réels du miel dont les propriétés hygiéniques passent dans l'hydromel.

de l'oxygène aux levures et faire reprendre la fermentation, conseille de soutirer 25 ou 30 litres pour les rendre par la bonde au fût. Le principe est bon : mais il arrive parfois que l'exécutant, par une manœuvre intempestive, gâte tout et fait sinon du vinaigre, souvent de l'hydromel imparfait.

Quant au système de fermeture, la meilleure est peut-être un linge replié en plusieurs doubles sur le trou de la bonde où une pierre assez lourde le maintient ; d'autres y mettent du sable.

Lorsque tout mouvement cesse, dans le tonneau, que le liquide commence a s'éclaircir, que les ferments se déposent, vous le collez avec 10 grammes de tannin dissous dans un verre d'alcool et quelques temps après vous soutirez définitivement. Ne remplissez pas tout à fait votre fût; mais assez cependant pour que l'écume sorte, s'il y en avait encore un peu.

Puis, quand vous serez assuré par le goût sec de la liqueur, que tout est terminé, qu'elle ne laisse rien à désirer, alors remplissez avec un peu de bon vin blanc, et placez en lieu frais à température constante. En fût, l'hydromel vieillit toujours mieux. Si vous l'avez mis en bouteilles, déposez-les sur le sable à la cave.

Le bon hydromel gagne avec les années, en bonté, en richesse. On conseille de le coucher. D'autres arrosent avec de l'eau salée les bouteilles sur le sable. Il est vrai que l'eau salée rafraîchit; mais le bon hydromel ne se gâte point dans une cave quelque peu fraîche, et le mauvais hydromel ne peut se conserver, même avec l'eau salée!

A côté de la méthode que nous venons d'indiquer et parmi les divers procédés de fabrications d'hydromel nous mentionnerons encore les suivants :

*Méthode Godon.* — M. Godon, président de la Société Bourguignonne (Yonne), fabrique un hydromel que l'on dit excellent, par l'emploi d'une certaine quantité de raisins frais. Voici comment il décrit sa méthode: « J'opère dans un cellier et je me sers d'un fût de 550 litres défoncé d'un bout. Je verse dans le fond 25 à

30 kilos de raisins frais, que j'écrase au moyen d'un pilon, on peut en mettre en plus grande quantité sans inconvénients. Un peu d'acide tartrique active la fermentation, mais ce n'est pas indispensable. Je fais fondre le bon miel blanc dans de l'eau chaude que je verse à mesure sur le raisin, dans la proportion de 400 grammes par litres d'eau pour obtenir de l'hydromel de 16 à 17 degrés d'alcool et 220 à 300 pour avoir 10 à 11 degrés ; je ne conseille pas de le faire plus faible. Je remplis ensuite mon tonneau avec de l'eau ordinaire, l'eau de pluie est préférable à toute autre, en laissant un vide de 50 litres, soit en tout 300 litres. Le lendemain, le marc de raisin est monté, il remplit l'espace laissé vide et forme une épaisseur au-dessus du moût qui est déjà en pleine fermentation et marque une chaleur de 25 à 28°, alors que la température extérieure est d'environ 10° moins forte. Il est utile de recouvrir la cuve d'un linge pour que la chaleur reste bien concentrée et aussi pour que les abeilles ne puissent y pénétrer. Matin et soir, je foule le marc avec le pilon, sauf

vers la fin de la fermentation, où je me borne à
tirer du liquide par en bas pour arroser ma cuve,
et, au bout de 10-12 jours, 15 au plus, l'hydromel est fini. » On peut même faire une deuxième
et troisième cuvée avec ces mêmes marcs.

N.-B. — Un de nos lecteurs ayant pratiqué cette
dernière méthode, nous déclare n'avoir bien
réussi qu'en maintenant sa cave à une température de 15 à 20 degrés.

Cette condition est, croyons-nous, nécessaire
pour bien réussir à faire de bon hydromel, quelle
que soit la méthode.

### Hydromel liquoreux.

C'est le vin de dessert qui peut avantageusement remplacer les vins du midi.

Pour l'obtenir il suffit d'augmenter de moitié
les proportions du miel dans la fabrication de
l'hydromel sec, laisser fermenter plus longtemps, et d'y ajouter une levure de Madère ou
de Frontignan.

L'abbé Voirnot prenait du bon hydromel sec
auquel avant de mettre en bouteille, il ajoutait

un verre à Bordeaux d'eau-de-vie de fruits et autant de sirop de miel bien clair, qui ne fermente pas à cause de l'eau-de-vie.

### Hydromel mousseux.

Prenez encore de l'hydromel sec ; au moment de la mise en bouteilles, ajoutez un verre à Bordeaux de sirop de miel ou de vin blanc dans lequel vous aurez fait fondre 20 gr. de miel ou 16 gr. de sucre, ce que font nos fabricants de champagne.

### Vins mixtes, Æuomel

C'est tout simplement du vin de raisins et de miel. Bien que le miel donne moins d'alcool que le sucre, puisqu'il ne renferme que 80 0/0 de sucs fermentescibles, il est très précieux pour élever le titre alcoolique des vins naturels, avec cet avantage que n'a pas le sucre de betteraves, savoir : qu'il communique au vin quelque chose des propriétés multiples des plantes et des fleurs sur lesquelles nos abeilles le récoltent (1) En

(1) C'est une observation qu'un apiculteur, l'Abbé Raudin, a tenu à faire consigner dans le rapport du Congrès apicole.

mauvaise année, vous avez un vin faible, pour le renforcer et l'améliorer ajoutez 25 grammes de miel par degré et par litre. Vous faites ce mélange à chaud, température de 25 degrés environ, au moment où le vin commence à fermenter. M. Froissard, apiculteur bien connu s'octroie dit-il, ainsi chaque année, un vin digne d'être mis en bouteilles ; chose remarquable : ce vin mixte prend vite l'allure de vin vieux, l'abondance et l'énergie du ferment vinique développent une grande fermentation ; sa limpidité même après un seul soutirage est remarquable, alors que les vins de miel pur se clarifient avec lenteur.

Si bon vous semble de doubler votre récolte en vin, facile est la chose ! Vous faites d'abord la première opération sus décrite ; puis vous ajoutez à la masse du moût, de l'eau miellée à raison de 25 gr. par litre et par degré, jusqu'à ce que cette proportion vous conduise à une quantité et à un degré de vin semblable au premier qui, par ce fait, est doublé. Exemple : votre vendange vous donnera 150 litres de vin qui pésera 8°, vous le voulez à 10°, ajoutez 25 gr. de miel + 2 degrés = 50 gr. par litre, soit 50 gr. + 150 litres = Total 7 kil. 500 gr. de miel.

Vous désirez doubler la récolte, soit 150 litres d'eau miellée, ajoutez autant de 25 gr. de miel que de degrés par litres soit 25 × 10 = 250 gr. × 150 litres ; au total 37 kil. 500 gr. de miel.

Si au contraire vous voulez vous contenter d'une seconde cuvée ; quand vous aurez tiré votre premier vin, procédez pour le deuxième absolument comme l'hydromel sec ; vos marcs dans ce cas, n'auront plus que le simple rôle de ferments. Le vin que vous obtiendrez ainsi gagnera à la substitution du miel au sucre.

### Fructimel.

On appelle ainsi toute boisson faite avec des fruits et du miel. On fait fermenter avec du miel, du jus de cerises, de groseilles, etc., et quand ce fructimel est bien clarifié, on met en bouteilles, ajoutant un petit verre d'eau-de-vie et autant de sirop de miel. La liqueur est délicieuse.

### Vinaigre de miel.

Deux mots qui jurent l'un si près de l'autre : cependant comme le vinaigre n'est que du vin qui a aigri, le vin de miel peut aigrir. Le vinaigre autrefois était exclusivement fait de vin aigre, ce n'est qu'au XVIIIᵉ siècle que le commerce mit en vente les vinaigres pyroligneux (tirés du bois). Le vinaigre mélangé aux aliments, facilite l'action digestive du suc gastrique.

Le vinaigre doit ses propriétés acides, sa saveur, à l'oxydation de l'alcool, sous l'influence d'un ferment actif, le *Mycoderma aceti* qui prend à l'air son oxygène $O^2$ pour le mélanger à l'alcool $C^2H^6O$ qui alors se transforme en acide acétique $C^2H^4O^2$ et en eau $H^2O$. Le Mycoderma aceti n'est rien autre que la *mère* du vinaigre, pellicule d'abord mince à la surface du liquide, puis plus épaisse au bout de plusieurs années, pouvant occuper assez de place dans le tonnelet.

Il y a bien des méthodes pour faire du vinaigre, nous n'avons qu'à nous occuper de celle du vinaigre de miel ou de vin de miel.

Il faut donc d'abord du vin de miel. Pour

l'obtenir, 125 gr. de miel par litre suffisent. Vous délayez à chaud autant de 125 gr. que vous désirez faire de litres de vinaigre, vous remplissez aux 3/4 votre tonnelet. Placez-le en un lieu sec, à température chaude 25 à 30 degrés. Recouvrez le trou de bonde d'un linge qui, tout en le préservant de la poussière, laissera le liquide en contact avec l'air pour le développement des ferments du vinaigre (1). Si vous possédez une levure ou mère de vinaigre, introduisez-là et l'opération se fera plus activement. Si vous n'en avez point, prenez une croûte de pain trempée dans du bon vinaigre et jetez-la dans le vin de miel. La fermentation peut durer quinze jours et la formation de la mère de vinaigre attendre 2 à 3 semaines. Vous soutirez dès que le vinaigre est fait, et vous rechargez en ayant soin de ne pas employer de liquide troublé.

Pour pouvoir employer toutes les eaux de lavages, les rinçures de miel, il est bon de les

(1) Quelques-uns percent de petits trous à la partie supérieure des 2 fonds pour établir sur le liquide un courant d'air.

laisser opérer à part leur fermentation alcoolique pour ne les verser qu'ensuite dans le fût à
vinaigre, ce que fait et conseille M. Ch. Dadant.
Le vinaigre ainsi obtenu est moelleux et d'une
incomparable supériorité à tous les autres vinaigres, a l'avantage de ne pas fatiguer les santés
et de pouvoir être pris sans dégoût, même par
les malades. Les estomacs les plus robustes s'en
trouvent très bien également et quand ils en
ont goûté, le préfèrent à tout autre.

### Vinaigres divers.

En faisant infuser divers substances aroma-
tiques dans votre vinaigre, roses, sureau, fram-
boise, absinthe, lavande, etc., vous obtenez des
vinaigres ayant des arômes divers.

### Eau-de-vie de miel.

En lisant, il y a déja un certain nombre d'années, l'article de M. Froissard sur la fabrication
de son eau-de-vie de miel, j'hésitais encore à
l'imiter ; déchets, miels aqueux, eaux de lavage, etc., rien n'était utilisé chez moi, en vue

de faire de l'eau-de-vie. Depuis, j'ai avantageusement mis à profit les conseils de mon aîné et j'adresse à mon tour le conseil aux autres (*rien ne doit se perdre*). De mes fûts d'hydromel, celui qui contenait les déchets, les miels aqueux, les eaux de lavage, ce fut celui-là, qui s'est le mieux comporté pour faire l'eau-de-vie de miel. Une fois le liquide fermenté, on le soumet à la distillation dont chacun connaît les procédés, nous n'insisterons donc pas.

On a aujourd'hui des alambics perfectionnés qui donnent sans repasse une eau-de-vie très pure, très agréable (fig. 26.)

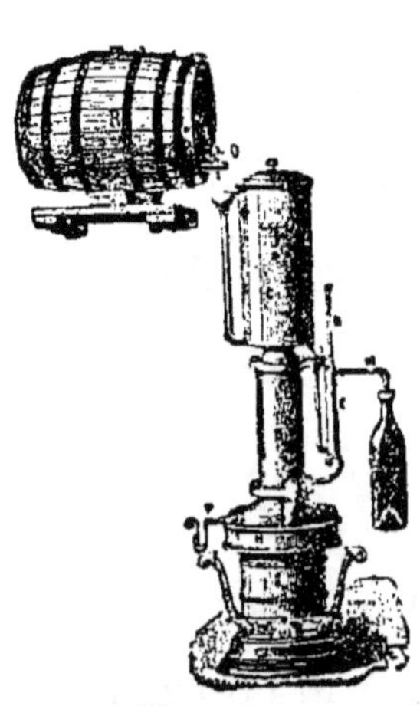
Fig. 26

D'après nos calculs précédents, il faut 25 gr. de miel pour obtenir un degré ; pour titrer de l'eau-de-vie de miel à 50° nous aurons $25 \times 50 =$ soit 1 kil. 250 gr. de miel à dépenser. L'abbé Delépine met 1 kil. 350 gr. ; l'abbé Voirnot, 1,400 sans doute pour tenir compte des pertes de repasse.

Quand l'eau-de-vie de miel est bien réussie elle est d'une rare finesse. Toutefois pour celle qui n'est pas très claire ou qui garde un petit goût original, il est bon de jeter à la repasse dans l'alambic un peu de crème de lait, 1 litre par hectolitre suffit.

### Bière au miel.

Nous ne saurions mieux faire que de laisser à un brasseur du pays des bonnes bières, la Belgique, le soin de nous indiquer la méthode de fabrication de bière au miel.

*Bière au miel.* — On prend 180 litres d'eau de citerne, on en fait bouillir la moitié avec 250 gr. de houblon pendant 1/2 heure à 3/4 d'heure dans n'importe quelle chaudière, on passe cette eau au travers d'un tamis pour en tirer complètement le houblon ; on dissout dans cette eau bouillante 13 kilos de miel et on laisse refroidir.

On fait ensuite bouillir la seconde partie d'eau et on la passe bouillante sur 250 nouveaux grammes de houblon ; on la laisse refroidir séparée de la première.

Quand ces eaux sont refroidies entre 22 et 18 degrés, on verse complètement l'eau miellée dans un tonneau de 160 litres, et on achève de l'emplir avec la seconde eau qui a seulement passé sur le houblon, en ayant soin de laisser le liquide à 2 ou 3 centimètres de la bonde.

Délayer alors 40 centilitres de bonne levure de bière ordinaire, bien fraîche, dans un litre de liquide pris au tonneau, verser la levure ainsi préparée dans le fût et agiter fortement avec un bâton.

Incliner le fût sur le côté afin que le liquide arrive au niveau de la bonde et placer un baquet sous le tonneau pour récolter les produits de la fermentation qui peut durer de 6 à 8 jours environ.

Quand la fermentation est bien établie, c'est-à-dire que le liquide coule hors du tonneau, il faut avoir bien soin d'en faire le creux deux fois par jour, c'est-à-dire qu'il faut remplir le tonneau matin et soir avec l'eau houblonnée que l'on a eue en trop (c'est pour ce remplissage qu'on a pris 180 litres d'eau au lieu de 160, que contient le tonneau).

Quand la fermentation est finie, ce qui se voit lorsque le liquide ne coule plus, qu'il n'apparaît plus que quelques bulles d'acide carbonique, il faut redresser le fût et mettre la bonde provisoirement sans l'enfoncer.

On doit procéder alors au collage de la bière.

*Préparation de la colle.* — Prendre 5 grammes de colle de poisson Salianski qu'on trouve chez osut les droguistes, couper cette colle en petits morceaux, la couvrir pendant 1/2 jour avec du vinaigre de vin. Quand la colle est bien ramollie, mettre de l'eau houblonnée froide ou, à son défaut, de l'eau de citerne pour faire un litre et y dissoudre complètement la colle en la battant dans un plat ou en l'écrasant avec les mains.

Verser cette colle dans le fût, battre fortement la bière avec un bâton pendant 10 minutes au moins, remplir le fût complètement avec l'eau houblonnée et bonder définitivement.

Huit jours après, on peut mettre la bière en bouteilles qu'il faut ficeler. On pourrait, à l'emplissage, ajouter à chaque bouteille gros comme un pois de miel, ce qui donnerait des bières beaucoup plus mousseuses.

(*Rucher Belge*).            M. Arthur DEVOS.

### Grog au miel.

Prendre un peu de rhum ou cognac que vous étendez d'eau froide ou d'eau chaude au choix. Vous sucrez au miel.

### Limonade au miel.

1 kil. de miel dans 10 litres d'eau bouillante, avec un peu de levure fraîche de bière. Mettez en bouteilles le deuxième jour de la fermentation et ficelez, car l'acide carbonique ferait sauter les bouchons. On peut aromatiser avec quelque essence de citron, etc., etc.

### Curaçao

1 litre d'eau-de-vie, 50 gr. d'écorces d'oranges dont vous ôtez le blanc toujours amer, faites macérer quinze jours, ajoutez 600 gr. de miel dissous dans 600 gr. d'eau ; une pincée de cannelle et 2 clous de girofle.

### Punch au miel.

Prendre 1 kil. 500 gr. de bon miel, eau 750 gr. alcool bon goût 1 litre ; café moka 400 gr. ; clous de girofle 20 gr., 1 zeste de citron.

Faites infuser pendant 24 heures, le moka, le citron et les clous de girofle dans l'alcool.

Prenez la moitié du miel (750 gr.) que vous faites dissoudre à froid dans l'eau ; l'autre moitié est mise dans un chaudron non étamé sur feu doux ; faites bouillir jusqu'à ce que le miel devienne grenat. Remuez continuellement pour ne pas laisser prendre et écumez. Sitôt que votre miel sera caramélisé, enlevez du feu, laissez un peu refroidir, mais n'attendez pas qu'il prenne et versez-y l'autre moitié du miel dissous, dans l'eau, puis l'alcool aromatisé. Vous laissez reposer et vous filtrez.

### Boisson économique pour les moissonneurs

Pendant les travaux de la moisson, dit New-mann, on ferait bien de préparer la boisson suivante tout à la fois saine, rafraîchissante et agréable au goût. 50 litres d'eau, 10 kilogr. de

miel, **6** blancs d'œufs. Faire bouillir pendant
1 heure, ajouter ensuite un peu de cannelle de
gingembre, quelques clous de girofles et un peu
de romarin. Laisser refroidir, ajouter une cuillerée de levure et mélanger tout ensemble.
Vingt-quatre heures après, la boisson est prête et
pourra être employée.

### Liqueur stomachique de genièvre.

Baies de genièvre 30 gr. ; écorce de cannelle
5 gr. ; eau-de-vie 1 litre. 8 jours de macération ;
250 gr. de miel fondu dans un verre d'eau chaude,
filtrez.

### Oxymel.

Faites évaporer dans une casserole de fer
blanc, 1 partie de vinaigre de vin dans 2 parties
de miel, jusqu'à faire un sirop, Délayez 1 partie
de ce sirop dans 8 parties d'eau fraîche ; c'est la
meilleure boisson rafraîchissante.

### Quinquina au miel

D'après M. Al. Bernard : dans cinq litres
d'hydromel liquoreux, mettre 150 grammes de
quinquina officinal concassé, laisser macérer

15 jours, décanter et filtrer. On obtient un produit supérieur au meilleur quinquina.

### Chrysomel ou liqueur dorée.

4 kilog. de miel fondu dans 5 litres d'eau, réduisez par la cuisson à 4 litres seulement, mélangez ensuite 4 litres de sirop avec 3 litres d'alcool pur dans lequel, pendant 12 jours, vous avez laissé macérer 3 bâtons de vanille grivée et vous aurez 7 litres d'une liqueur délicieuse.

> Onctueuse boisson plus que toutes liqueurs.
> Le chrysomel doré, verse la joie aux cœurs.

# CONCLUSION

Rendons au miel la place qu'il mérite et que l'histoire et l'expérience lui assignent comme

**aliment, boisson** et **remède.**

Qu'il soit toujours à la place d'honneur sur nos tables, pour *la satisfaction* des uns, pour *la guérison* des autres, pour *le bien-être* et *la santé de tous*.

# TABLE DES MATIÈRES




CHATEAUROUX. — IMP. P. LANGLOIS ET Cᵉ

Ruche scolaire DELAIGUES.